Créateurs de l'agriculture moderne

William Macdonald

Writat

Cette édition parue en 2023

ISBN : 9789359250151

Publié par
Writat
email : info@writat.com

Contenu

PRÉFACE ....- 1 -

CHAPITRE PREMIER ....- 2 -

JETHRO TULL : FONDATEUR DES PRINCIPES
DE L'AGRICULTURE SÈCHE ....- 2 -

CHAPITRE II ....- 7 -

COKE DE NORFOLK : PLUS GRAS DES
FERMES EXPÉRIMENTALES ....- 7 -

CHAPITRE III ....- 14 -

ARTHUR YOUNG : AUTEUR DU
TOURNÉE AGRICOLE ....- 14 -

CHAPITRE IV ....- 19 -

JOHN SINCLAIR : FONDATEUR DU
CONSEIL DE L'AGRICULTURE ....- 19 -

CHAPITRE V ....- 24 -

CYRUS H. McCORMICK : INVENTEUR DE
LA FAucheuse ....- 24 -

PRÉFACE

Quand on se souvient du rôle important que joue l'agriculture dans l'histoire de toutes les nations, il semble étrange que l'on sache si peu de choses de la vie de ces pionniers qui ont joué un rôle de premier plan dans la découverte de principes fondamentaux, de méthodes améliorées et de méthodes permettant d'économiser du travail . Machines. Peut-être est-ce dû au fait que les agriculteurs dans leur ensemble n'aiment pas spécialement la lecture. Il n'y a cependant rien d'étonnant à cela, car après une longue journée de travail en plein air, il est difficile de se concentrer sur quelque chose de plus sérieux que les gros titres d'un quotidien ou les images roses d'un magazine rural . . Pourtant, on peut prédire sans se tromper que l'agriculteur prospère du futur sera non seulement un travailleur acharné, mais aussi un lecteur assidu. Et la biographie nous présente, d'une manière vivante, la marche en avant de l'agriculture moderne.

Il est également intéressant de noter combien l'agriculture doit à des hommes qu'on pourrait difficilement qualifier d'agriculteurs pratiques. En effet, l'auteur a été impressionné, contrairement à l'opinion commune, par la réussite du Townsman qui se lance dans l'agriculture. Mais cela n'est en réalité pas plus surprenant que le fait que le jeune fermier au cœur simple abandonne la vieille ferme pour les fascinations de la ville et, en raison de son caractère, de son courage et de son industrie, devienne en quelques années le capitaine d'un grand commerce. entreprise. Il y aura toujours le flux et le reflux incessant de la marée humaine entre les chemins de campagne et les rues bondées. Mais il est certainement de notre devoir de faire quelque chose pour rendre la vie du travailleur des champs moins ennuyeuse et solitaire, et plus attrayante par la construction de chaumières agréables et l'établissement d'industries rurales : tandis que, en même temps, nous essayons pour égayer la vie des travailleurs de la ville par des jardins en toute propriété et des espaces ouverts et ensoleillés.

Je tiens à remercier les éditeurs des différents journaux dans lesquels ces Esquisses ont paru pour leur aimable autorisation de les republier sous forme de livre : The *Graphic* (Chapitre I), The *Star* , Johannesburg (Chapitre II), le *Rand Daily Mail* (Chapitres III et IV) et le *Sunday Post* (Chapitre V). Au *Journal* de la Royal Agricultural Society of England, je suis redevable du frontispice (Jethro Tull), ainsi que de nombreuses informations précieuses.

ROYAL AGRICULTURAL SOCIETY OF ENGLAND,
16, BEDFORD SQUARE, LONDRES,
1er septembre 1913.

CHAPITRE I

JETHRO TULL : FONDATEUR DES PRINCIPES DE L'AGRICULTURE SÈCHE

"Car plus la terre est cultivée, plus elle deviendra riche et plus elle conservera de plantes." — JETHRO TULL.

À huit miles au nord-ouest de Reading, sur un joli tronçon de la Tamise , se trouve la ville paroissiale de Basildon , dans le comté de Berkshire. Ici, en 1674, est né l'homme qui a révolutionné l'agriculture britannique et jeté les bases de la « conquête du désert ». Pourtant, aussi étrange que cela puisse paraître, jusqu'à l'autre jour la tombe de Tull était inconnue, et même aujourd'hui aucun monument ne marque le lieu de repos de cet illustre laboureur. Sa famille était d'une lignée ancienne et honorable , et il était l'héritier d'un domaine compétent. À dix-sept ans, il inscrivit son nom sur le registre du St. John's College d'Oxford ; mais il n'a pas atteint un certain degré. Deux ans plus tard, il fut admis comme étudiant à Gray's Inn et, le moment venu, fut admis au barreau. Il est probable que Tull a étudié le droit non pas tant dans l'intention d'en faire une profession sérieuse, mais simplement pour mieux se préparer à une carrière politique. Cependant, des problèmes de santé l'ont amené à se tourner vers l'agriculture. À l'âge de vingt-cinq ans, il épousa une dame de bonne famille, Miss Susanna Smith, du comté de Warwick, puis s'installa pour cultiver une ferme dans l' Oxfordshire .

Sa première ferme était Howberry , dans la paroisse de Crowmarsh. Les terres de cette ferme étaient fertiles et réputées pour leurs récoltes abondantes de blé et d'orge. Ici , Tull a vécu et travaillé pendant neuf ans, jusqu'à ce qu'enfin sa santé se détériore et qu'il soit envoyé vers le sud, dans le climat plus doux de la France et de l'Italie. Il décida donc de vendre une partie de son domaine de l'Oxfordshire et d'envoyer sa famille dans une autre ferme du Berkshire nommée « Prosperous », située dans la paroisse de Shalbourne . Après une absence de trois ans, Tull retourna à « Prosperous Farm », un lieu à jamais célèbre dans les annales de l'agriculture. Il y vécut vingt-six ans jusqu'à la fin de sa carrière difficile et mouvementée . À propos de cette ferme, Tull écrit : « Située sur un peu de craie d'un côté et de bruyère de l'autre, le sol est pauvre et peu profond – généralement trop léger et trop peu profond pour produire une récolte tolérable de haricots. Cette ferme a été construite à partir du jupes des autres ; une grande partie était du duvet de mouton avec une pleine réputation de pauvreté. »

Pendant son séjour en Europe, Tull a particulièrement remarqué la culture approfondie et soignée des vignes, où le travail du sol entre les rangées de vignes était effectué pour remplacer la fumure de la terre. A son retour en Angleterre , il essaya cette méthode à « Prosperous Farm », d'abord avec des navets et des pommes de terre, puis avec du blé. Et en adoptant ce système simple avec quelques modifications personnelles, il fut en mesure de cultiver du blé sur les mêmes champs pendant treize ans en continu sans utiliser de fumier.

C'est dans sa ferme de Howberry que Tull inventa et perfectionna sa perceuse en 1701. Il a raconté l'histoire de cette invention dans les pages de son grand ouvrage. Trouvant ses projets de culture du sainfoin [1] entravés par le dégoût de ses ouvriers pour ses nouvelles méthodes, il résolut d'essayer de « concevoir un moteur pour planter Saint-Foin plus fidèlement que ne le feraient de telles mains. Dans ce but, j'ai examiné et comparé toutes les idées mécaniques qui étaient jamais entrées dans mon imagination, et qui avaient finalement sonné sur un sillon, une languette et un ressort dans la table d'harmonie de l'orgue. Avec celles-ci, un peu modifiées, et quelques parties de deux autres instruments, comme étrangères à " Le champ comme l'organe est, ajouté à eux, j'ai composé ma machine. On l'appelait une semoir, parce que, lorsque les agriculteurs semaient leurs haricots et leurs pois dans des canaux ou des sillons à la main, ils appelaient cela une action de forage. " Et ainsi La perceuse de Tull , tirée du mécanisme rotatif de son orgue préféré , est la pionnière de toutes les jardinières modernes. Sa première invention fut ce qu'il appelait une *charrue* pour semer du blé et des graines de navet sur trois rangs à la fois.

[1] Légumineuse cultivée pour le fourrage.

C'est cette invention qui a amené Tull à énoncer son premier principe de travail du sol, à savoir *le semis* . Et il est d'autant plus étonnant de constater que même après ce long laps de temps, de nombreux agriculteurs persistent encore à diffuser leurs semences à la volée ; car, comme l'écrit récemment une autorité travaillant sur les terres semi-arides du Montana : « Le semis à la volée est mauvais à tout moment, mais dans l'agriculture sèche, il est suicidaire. » Que l'usage du semoir ait partout permis une énorme économie de semences, c'est un fait notoire ; mais écoutons ce que Tull a à dire à ce sujet : « Les graines (sainfoin) étaient rares, chères et mauvaises, et on pouvait à peine en obtenir assez pour semer, comme d'habitude, sept boisseaux ». [1] à un acre. J'ai examiné et réfléchi à la question, et j'ai découvert que la plus grande partie des graines avait fait une fausse couche, étant mauvaise ou trop couverte. J'ai observé et compté, et j'ai découvert que lorsqu'une grande quantité de graines avait fait une fausse couche, la récolte était la meilleure. » Voici son deuxième principe, *la réduction des graines* , ou, comme nous disons maintenant, « le semis mince », une pratique qui a été adoptée par le agriculteurs secs de l'Utah avec un succès remarquable.

[1] À l'heure actuelle, il est d'usage de semer de 80 à 100 livres de graines de sainfoin par acre.

De plus, Tull était un ardent défenseur des champs sans mauvaises herbes et il voyait très clairement que le fumier constituait une menace sérieuse pour un travail du sol propre, car les graines de mauvaises herbes gênantes avaient tendance à être dispersées partout dans la ferme. Cela l'a amené à poser comme troisième principe : l' *absence de mauvaises herbes* . Mais il n'a certainement jamais, comme on le dit parfois, condamné l'emploi du fumier. Ses expériences prouvèrent cependant sans l'ombre d'un doute que de bonnes récoltes pouvaient être obtenues simplement et uniquement au moyen d' un labour profond et constant . Alors il dit avec colère : « Le vulgaire en général croit que j'ai transporté mon fumier de ferme et que je l'ai jeté dans une rivière. Je n'ai pas de rivière à proximité ; d'ailleurs, mes voisins achètent du fumier à bon prix ; mais on sait que je ne vends ni ne vends. gaspillez toute bouse. Contre de telles langues mensongères, il n'y a aucune défense .

Rothamsted , feu Sir John Lawes, ne prit son parti , qui écrivit ce qui suit :

" Tull était un génie tout à fait original et un siècle en avance sur son temps. Je crois qu'on l'a très injustement accusé de ne pas accorder suffisamment de valeur au fumier de ferme ; il prônait la propreté et voyait que le fumier était un grand porteur de mauvaises herbes. une idée claire de la valeur du plaidoyer de Tull en faveur de l'élevage du semoir et de l'absence de mauvaises herbes qui peuvent seules être obtenues par l'utilisation du semoir, je peux mentionner que, dans la mesure où les statistiques le permettent, j'ai déterminé le rendement moyen du blé. récolte du monde, et je puis dire que le rendement moyen est inférieur à ce qu'il est à l'heure actuelle sur mes terres de blé permanentes, après plus de soixante ans absolument sans fumier. Nous avons ici le résultat des trois grands principes de Tull : *semis, réduction des graines et absence de mauvaises herbes* . S'il était vivant maintenant et écrivait pour l'agriculture du monde, il serait, je pense, tout à fait justifié de dire tout ce qu'il a dit concernant la propreté et le fumier.

À la suite de ses études, voyages et expériences, Tull publia « La nouvelle élevage de chevaux : ou un essai sur les principes du labour et de la végétation » en 1731. La grande valeur de cet ouvrage est qu'il n'est pas fondé. sur de la simple théorie, mais sur des expériences réelles sur le terrain. La quatrième édition, que j'ai à côté de moi, comprend 426 pages, avec plusieurs planches, et 23 chapitres qui traitent des sujets suivants : Des racines et des feuilles ; De nourriture végétale ; Des pâturages de plantes ; Du fumier ; Du travail du sol ; Des mauvaises herbes; De navets ; Du blé; De la cochonnerie ; De Lucerne ; Du changement d'espèce; Du changement d'individus ; Des crêtes ; élevage ancien et nouveau ; De charrues ; La charrue à quatre coutres ; Des boîtes de forage ; Du Blé-Drill : Du Navet-Drill ; De la houe-charrue ; avec une annexe concernant la fabrication du semoir et de la houe.

de Tull , selon laquelle le labourage des sols pouvait être constamment et à jamais revigoré ou renouvelé, est résumée dans sa célèbre épigramme : « le labourage est du fumier ». Il croyait que la terre était la véritable et unique nourriture de la plante et, en outre, que la plante se nourrissait et grandissait en absorbant de minuscules particules de terre. Et comme ces particules sont rejetées de la surface des grains du sol, il s'ensuit donc que plus le sol est finement divisé, plus les particules sont nombreuses et plus la plante pousse facilement. Même si les théories de Tull étaient fausses, sa pratique a été suivie par tous les agriculteurs progressistes jusqu'à nos jours. Nous savons désormais que les plantes n'absorbent pas les particules de terre, mais absorbe la nourriture en solution. Par conséquent, plus les particules de sol sont brisées et raffinées, plus les racines peuvent absorber de nourriture végétale. Dans ce volume, qui doit être considéré comme un classique agricole, Tull prend immédiatement rang comme le plus grand prédicateur de son époque de l'évangile du labour profond et parfait. Et c'est une œuvre qui, selon les mots de son grand collègue Arthur Young, « portera incontestablement son nom à la dernière postérité ».

Le monde botanique a récemment été éclairé par la splendide découverte des principes de l'hérédité énoncés par Gregor Mendel, et le principal représentant de la nouvelle science, le professeur Bateson, écrit ce qui suit : « Nous disposons enfin d'une méthode brillante et d'une base solide. à partir duquel s'attaquer à ces problèmes, offrant une opportunité au pionnier comme cela se produit rarement, même dans l'histoire de la science moderne. Ne pouvons-nous pas, en tant qu'agriculteurs, dire la même chose avec la même vérité ? Car, selon nous, Jethro Tull entretient la même relation avec l'agriculture sèche que Mendel avec la sélection végétale. Car si, d'un côté, ses semoirs sont les modèles dont sont issues les merveilleuses machines agricoles des temps modernes, de l'autre, son élevage propre, sa sélection des semences, son labour profond et constant sont les principes fondamentaux. principes de la grande nouvelle science de l'agriculture sèche. Il ne faut pas non plus oublier que Mendel et Tull n'ont énoncé leurs principes qu'après une longue et patiente expérimentation.

Les principes que nous avons adoptés dans nos expériences sur la station gouvernementale des terres arides à Lichtenburg, dans le Transvaal et que nous proposons de suivre sur toutes les stations qui seront ultérieurement établies dans l'Union sud-africaine, sont au nombre de sept, à savoir : 1) Labour profond ; (2) forage ; (3) ensemencement mince ; (4) hersages fréquents ; (5) les terres sans mauvaises herbes ; (6) peu de variétés ; et (7) jachères permettant d'économiser l'humidité. Et nous savons très bien que plus nous adhérerons fidèlement à ce projet, plus riches seront nos récoltes. Mais, après tout, ces principes ne sont que l'amplification, rien de plus, de ces méthodes fondamentales de labour si clairement exposées, il y a cent quatre-vingt-deux ans, par le génie de Jethro Tull .

Tull mourut au mois de mars 1740, à l'âge de soixante-six ans. En parlant de l'enseignement agricole , nous avons souvent insisté sur les bénéfices que l'on peut tirer d'une éducation libérale, et nous aimons rappeler les propres paroles de Tull : « Je dois mes principes et ma pratique à l'origine à mes voyages, comme je dois mon exercice à mon orgue. » Il s'agissait en effet d'un homme aux multiples facettes : un agriculteur célèbre, un mécanicien compétent, un bon musicien et un fervent érudit classique. Sa vie, chose étrange à dire, fut une lutte intrépide contre la maladie. Pendant six ans, il ne quitta pratiquement jamais sa chambre et, pendant cette période, il était rarement réjoui par un simple aperçu de ses « cent acres de blé semé ». On déposa donc le corps fatigué du simple hobereau anglais sous les ifs de Basildon, dans la terre moelleuse qu'il aimait tant. Mais les cloches de la vieille église de Saint-Barthélemy sonnent maintenant avec un message nouveau et joyeux , car elles disent aux laboureurs de tous les pays de prendre courage, car le désert se réjouira et fleurira comme la rose ; tandis que les vents et les eaux transportent l'écho du nom de Tull à travers les couloirs du temps.

CHAPITRE II

COKE DE NORFOLK : PLUS GRAS DES FERMES EXPÉRIMENTALES

« Voyez -vous un homme diligent dans ses affaires ? Il se tiendra devant les rois ; il ne se tiendra pas devant des hommes méchants.

Au début de cet article, nous avons cité un texte tiré des Proverbes de Salomon, qui, selon nous, peut s'appliquer avec plus de vérité au sujet de notre article qu'à tout autre nom visible dans les annuaires agricoles. Car c'était un homme diligent dans ses affaires et il se tenait devant les rois.

Thomas William Coke, de Holkham (Holy Home), comte de Leicester, était le fils aîné de Robert Wenman . Il est né en 1752 et a fait ses études à Eton, après quoi il a voyagé à l'étranger. À la mort de son père, Coke a été élu à sa place député du comté de Norfolk. Il était alors dans sa vingt-deuxième année. Il entra comme le plus jeune membre ; sa carrière politique s'étendit sur une période de cinquante-sept ans et il finit par devenir « Père de la Chambre des communes ». Sa vie domestique était singulièrement heureuse, très différente du triste état de son grand contemporain Arthur Young. En 1775, il épousa sa cousine, Jane Dutton, dont il eut trois filles. Après sa mort en 1800, il resta veuf pendant vingt et un ans puis, à l'âge de soixante-huit ans, épousa une fille de dix-huit ans, Lady Anne Keppel, dont il eut cinq fils et une fille. Coke a eu l'expérience unique de se voir offrir la pairie sept fois sous six premiers ministres différents, et il a été le premier roturier élevé à la pairie par la reine Victoria lors de son accession au trône. A ce propos, une histoire amusante est racontée. En 1817, Coke fut appelé à présenter, lors d'une levée, un discours très énergique au prince de Galles, qui agissait alors comme régent, le priant « de renvoyer de sa présence et du conseil ces conseillers qui, par leur conduite , s'étaient révélés également ennemis du trône et du peuple. Le Régent fut prévenu de la proposition. Sachant que Coke valorisait sa position de roturier avant tout, il déclara sous serment que : « Si Coke de Norfolk entre en ma présence, par Dieu, je le ferai chevalier. » Ce discours a été répété à Coca-Cola. "S'il l'ose", fut la réplique, "par Dieu, je briserai son épée."

Une partie du domaine ou Holkham était autrefois une série de marais salants sur la côte de la mer du Nord. Et lorsque Coke entra dans sa propriété en 1776, année fatidique dans l'histoire de l'Empire britannique, le quartier environnant n'était guère mieux qu'un labyrinthe de lapins, avec de longues étendues de galets et de sable. Peu de temps après le mariage de Coke, lorsque sa femme lui fit remarquer qu'elle se rendait à Norfolk, la vieille Lady Townshend, pleine d'esprit, dit : "Alors, ma chère, tout ce que vous verrez sera un brin d'herbe et deux lapins se battant pour cela." L'histoire de la façon dont Coke est devenu un agriculteur pratique est racontée dans le troisième volume du Journal of the Royal Agricultural Society of England, publié en 1842. L'article qui le contient a été écrit par Earl Spencer et présente un intérêt particulier car il l'a eu directement des lèvres de M. Coke (alors Lord Leicester) peu de temps avant sa mort. Lorsque Coke est entré dans son héritage, il a constaté que cinq baux étaient sur le point d'expirer. Ces fermes étaient détenues à un loyer de 3s. 6j. un acre; et dans les baux précédents, ils avaient été évalués à 1s. 6j. un acre. A cette époque, l'agriculture du Norfolk était des plus pauvres ; et nous pouvons juger de la qualité des terres de Holkham en les comparant au loyer moyen de 10 shillings. un acre qui, selon Arthur Young, prévalait à cette époque. Coke a fait venir les deux locataires, M. Brett et M. Tann, et leur a proposé de renouveler leurs baux à un montant légèrement plus élevé, soit 5 shillings. un acre. Tous deux refusèrent ; et M. Brett s'est moqué de cette suggestion, disant que le terrain ne valait même pas les 1 s. 6j. un acre qui avait été initialement payé pour cela. Ce refus sec était suffisant pour un homme du tempérament de Coca-Cola. Il décide aussitôt de cultiver lui-même la terre. C'est ainsi qu'un jeune homme de vingt-deux ans, possesseur d'une fortune princière, tout juste sorti des salons d'Europe, tourna brusquement le dos à un monde gai et élégant ; et piqué à l'action par le rire d'un locataire paresseux, prit la direction d'une ferme stérile, fit passer une paroisse de la pauvreté à la richesse, transforma un comté désolé en champ de maïs et laissa un nom célèbre dans les annales de l'agriculture anglaise.

Dans l'histoire de l'agriculture, le nom de Coke est principalement rappelé par ces célèbres rassemblements connus localement sous le nom de « Coke's Clippings ». Ces belles rencontres débutèrent de manière simple avec la tonte ou la tonte des moutons, mais s'étendirent bientôt à tout le domaine de l'industrie rurale. Comme on peut l'imaginer, lorsque Coke prit la direction de ses fermes, il n'avait pas la moindre connaissance de la science et de la pratique de l'agriculture. Il a donc convoqué ses voisins et leur a demandé franchement leur avis.

Eux à leur tour étaient sans doute heureux de rencontrer un jeune homme si passionné et si avide d'apprendre. Bientôt, ils amenèrent leurs amis et leurs parents, et deux ans plus tard, ces petites réunions de campagne prirent un caractère plus précis et furent désormais appelées « Coke's Clippings ». Bientôt, des agriculteurs de toutes les régions de la Grande-Bretagne écrivirent pour demander s'ils pouvaient y assister. Rapidement et régulièrement, la renommée des « coupures » grandit, jusqu'à ce que des scientifiques et d'autres hommes célèbres des États-Unis et du continent se rendent en Angleterre pour prendre part à ces réunions. D'année en année, leur nombre augmentait jusqu'à ce qu'ils embrassent enfin toutes les nationalités, toutes les professions et tous les rangs de la vie, depuis la royauté jusqu'au paysan le plus pauvre. Holkham était en fait devenue une grande ferme expérimentale, un domaine privé transformé par l'entreprise de son propriétaire en institution publique. On connaît aujourd'hui les fermes expérimentales d'État, visitées par des milliers d'agriculteurs une à deux fois par an. Mais il y a un siècle, une telle chose était inouïe, et Coke peut à juste titre être qualifié de « père de la ferme expérimentale ». Lors de ces tontes , Coke a présenté de nombreuses coupes et prix pour l'invention de tout nouvel outil agricole, pour des suggestions concernant les systèmes améliorés de culture, d'irrigation, d'enrichissement du sol et pour des articles sur des sujets agricoles - en un mot, à tout le monde . qui ont contribué à faire progresser n'importe quelle branche de l'industrie agricole. De plus, on nous dit que lors d'une réunion de 1803, des tirages au sort ont été organisés pour deviner le poids exact d'un météo . Le gagnant fut un certain M. Money Hill, qui devina le poids exact : 130 livres ; tandis qu'un boucher nommé Rett était un bon second, et il devinait le poids de quatre autres moutons à moins d'une livre. On raconte qu'un an mourut sur le domaine de Holkham un locataire qui avait gagné pas moins de 800 £ en prix aux « coupures ». Les partis politiques furent soigneusement exclus de ces réunions, et toute tentative d'introduire un esprit de parti dans les discours lors des dîners annuels fut aussitôt réduite au silence par Coke. En tant qu'homme politique, il était un éminent Whig, mais en tant qu'agriculteur, il a fait sombrer sa politique et a ouvert ses portes aux hommes de mérite, quelles que soient leurs opinions. Ainsi, il offrit à Sir John Sinclair un magnifique gobelet en signe de son appréciation du « Code d'agriculture » de Sinclair, en dépit du fait que Sir John était un fervent partisan des « vils conservateurs et de leur ignoble chef, M. Pitt ». Sir John fut extrêmement satisfait et remarqua, avec une véritable courtoisie des Highlands, que jusqu'alors l'héritage le plus inestimable de son château avait été la coupe de Mary, reine d'Écosse, mais qu'il considérerait désormais le gobelet de son ami Whig comme son plus grand trésor.

La dernière des «Coke's Clippings» a eu lieu en 1821. Elle a réuni sept mille personnes et a duré trois jours entiers. Il y a quelque chose de très plaisant dans le récit de cette scène pastorale. Une demeure majestueuse dans un parc splendide, avec un groupe de jeunes filles du village filant le lin, sur une pelouse de velours, au milieu d'un vaste rassemblement de gens venus de toutes les parties de la terre. Ponctuellement, à dix heures du matin, lit-on, Miss Coke est arrivée sur la pelouse, accompagnée de son père et du duc de Sussex. Puis, après les salutations reçues et les salutations données, la grande foule s'est mise en route, certains à cheval, d'autres en voiture, d'autres à pied, pour inspecter les différentes fermes du domaine. Le premier jour a été consacré à l'étude des pâturages inoculés, des bovins primés , des nouveaux outils, de la tonte des moutons au milieu des cultures agricoles. La deuxième journée a été consacrée aux champs frais, aux fermes-écoles et aux jardins de campagne. Le troisième jour a été consacré à l'inspection des carcasses des animaux abattus, aux discours et à la distribution des prix. Ce jour-là, à 15 heures, sept cents convives se sont mis à table pour un dîner, un repas de midi qui, avec les discours et les récompenses, a duré sept heures ! L'historien de cette époque nous a laissé le récit des toasts les plus populaires lors de ces banquets annuels, tels que « Une fine toison et une grosse carcasse », « La charrue et son bon usage », tandis que l'hommage aux efforts de Coca-Cola pour enfermer tous les terrains vagues a toujours fait tomber la maison, car il disait avec humour : « L'enfermement de toutes les tailles », et le propre toast de Coke « Live and Let Live », était invariablement accueilli par des applaudissements tumultueux. Les deux annalistes qui nous ont laissé des récits irrécusables de ces rencontres mémorables sont tous deux d'accord pour dire que Coke lui-même en était le personnage central. Le Dr Rigby, dans « Holkham and its Agriculture » (1818), écrit : « Il est partout et avec tout le monde. Il sollicite l'enquête de chacun. » À chaque arrêt du trajet, de petits groupes de gens se rassemblaient autour de lui et écoutaient avec un intérêt absorbé tout ce qu'il disait, tandis que pendant des heures, il entretenait ainsi le caractère de chef, de conférencier et d'hôte. Et l'ambassadeur américain de l'époque, Son Excellence M. Richard Rush, écrit dans « A Residence at the Court of London » : « Quels que soient les progrès ultérieurs de l'agriculture anglaise ou ses résultats, M. Coke occupera toujours un rang honorable parmi les les pionniers du grand travail. Quoi qu'il arrive dans le futur, les tondeurs de moutons de Holkham vivront dans les annales rurales anglaises. La tradition parlera longtemps d'eux comme unissant les améliorations de l'agriculture à une hospitalité abondante, cordiale et joyeuse.

Lorsque Coke a commencé à cultiver dans le Norfolk, la valeur de la rotation était inconnue. Il était alors d'usage de cultiver successivement trois cultures de paille blanche suivies de navets à la volée. Il n'était pas étonnant que le sol, constitué principalement de sable flottant et de graviers pointus et silex, soit bientôt usé. Coke a changé cette pratique et n'a cultivé que deux cultures blanches successives, puis a laissé la terre en pâturage pendant les deux années suivantes. Il a commencé à fumer abondamment ; et a utilisé du gâteau de colza comme vinaigrette avec un succès marqué. De plus, il constata que le sol de presque tout le district était composé de sable très léger et recouvert d'une couche de marne riche. Des fosses furent ouvertes, la marne creusée et dispersée à la surface du terrain. Cela non seulement favorisait la fertilité, mais donnait au sol cette solidité si essentielle à la croissance du blé. Coke se vantait fièrement d'avoir transformé le West Norfolk d'une région productrice de seigle en une région productrice de blé. Mais il lui fallut onze ans avant de pouvoir faire pousser du blé sur le sol pauvre et sablonneux de son propre domaine. Néanmoins, avant sa mort, ces terres dites « de lapin et de seigle » rapportaient jusqu'à trente-deux boisseaux par acre. Son idée principale était de stocker massivement ; plus pour le fumier que pour la viande. Il a placé sa foi dans la devise : "Muck est la mère de l'argent". Et on nous dit qu'il avait l'habitude de dire à ses locataires : « Si vous gardez une cour supplémentaire de bœufs, je vous construirai gratuitement une cour et des hangars. C'était un homme patient, mais on l'a un jour entendu dire : « Il est difficile d'enseigner quoi que ce soit à un adulte ignorant. J'ai dû lutter contre des préjugés, une impatience ignorante du changement et un attachement enraciné aux anciennes méthodes. Il a évoqué le fait que les agriculteurs persistaient dans l'ancien système de semis des céréales à la volée, ou bien faisaient laborieusement des trous avec un fer à creuser dans lesquels on jetait le grain, tandis qu'un autre homme suivait avec un râteau et bouchait les trous. Ainsi, il utilisa la perceuse pendant seize ans avant qu'aucun de ses voisins puisse être amené à l'adopter ; et même lorsque les agriculteurs commencèrent enfin à voir les avantages de cette manière rapide de semer, il estima que sa propagation n'était que d'un mile par an. Peu à peu, cependant, il remarqua qu'un terme étrange désignant une bonne récolte d'orge était devenu utilisé à Holkham. Ses agriculteurs parlaient d'« orge à chapeau » parce que si un homme jette son chapeau dans une récolte d'orge, le chapeau repose sur la surface si la récolte est bonne, mais tombe au sol si la récolte est mauvaise. « Tout monsieur, » dirent enfin ses locataires , « est de l'orge à chapeau depuis l'arrivée de l'exercice.

Coke ne se lassait jamais d'expérimenter toutes sortes de cultures. Le dactyle (dactyle pelotonné) était cultivé avec beaucoup de succès et de nombreux moutons y étaient engraissés. Sur des terres autrefois considérées comme sans valeur, il coupa quatre cents tonnes de sainfoin sur cent quatre acres. Il reconnut très tôt les mérites des suédois et fut le premier à les cultiver à grande échelle. Il a réalisé une étude particulière sur les oiseaux en relation avec l'éradication des larves. Trouvant un champ de navets infesté d'une larve qui provoquait le chancre noir, il envoya quatre cents canards dans le champ qu'ils débarrassèrent de ce ravageur en cinq jours. Au début de sa carrière, Coke abandonna les moutons indigènes du Norfolk, au dos aussi étroit que des lapins, en faveur des Southdowns , et devint progressivement l'un des plus grands éleveurs de moutons d'Angleterre. Encouragé par le duc de Bedford, un autre agriculteur éminent, il créa un troupeau de North Devons , et les éleva par la suite avec beaucoup de succès. Il a également amélioré la race porcine Suffolk en les croisant avec le napolitain, obtenant ainsi une qualité de porc supérieure. Le boisement était l'un de ses passe-temps particuliers. Il a pleinement compris la vérité du vieil adage selon lequel un arbre pousse pendant que son planteur dort. Chaque année, il plantait cinquante acres de bois, principalement des chênes, des châtaigniers d'Espagne et des hêtres, jusqu'à ce qu'il ait trois mille acres de terrain sombre et balayé par le vent, bien couvert. Il permit aux pauvres du voisinage de planter des pommes de terre parmi ses jeunes arbres pendant deux ou trois ans ; une pratique qui gardait sa terre propre et économisait les frais de binage. Et en 1832, il s'embarqua sur un bateau construit en chêne avec les glands qu'il avait lui-même plantés.

Il a toujours soutenu que les intérêts du propriétaire et du locataire étaient identiques. C'est pourquoi, afin d'encourager ses fermiers à faire de leur mieux, il loua ses fermes sur des baux emphytéotiques de vingt et un ans à un loyer modéré et soumis à peu de restrictions. Mais il comprit vite que, dans le cas d'un locataire indolent, un bail emphytéotique entraînerait une détérioration rapide de la propriété. Il arriva à cette époque qu'un certain agriculteur nommé M. Overman, qui avait joué un rôle de premier plan dans la promotion des nouveaux projets agricoles, demanda une ferme sur le domaine de Holkham. Coke lui a permis, à titre expérimental, de rédiger les clauses de son propre bail. Overman a immédiatement inséré une clause rendant obligatoire l'amélioration des cultures. Coke était si heureux qu'il a immédiatement fait de ce bail le modèle pour tous ses autres locataires avec quelques légères modifications. Ainsi , la terre était entièrement protégée de tout dommage éventuel dû à une longue période de mauvaise agriculture. Grâce à ces méthodes améliorées, Coke aurait augmenté le loyer annuel de son domaine de 2 200 £ à 20 000 £ ; tandis que la chute annuelle de bois et de sous-bois s'élevait en moyenne à 2 700 £, somme qui dépassait la totalité de son ancien loyer. Au cours de ses soixante-six années à Holkham, il dépensa plus d'un demi-million de livres sterling rien qu'en améliorations, sans tenir compte des sommes importantes dépensées pour sa maison, son domaine et ses bâtiments de ferme. Pourtant, il est reconnu que cette vaste dépense a été entièrement récupérée en temps voulu. À cette époque, le domaine de Holkham s'étendait sur 4 300 acres entourés d'une clôture, avec un parc de 3 500 acres entouré d'un mur de dix milles près de la mer. Dans un volume intitulé « Agricultural Writers » (1200-1800) de Donald McDonald, le nom de Coke n'apparaît pas. Et il semblerait que tout ce qu'il a jamais écrit, ce sont des articles pour les «Annales de l'agriculture» (Arthur Young) et une brochure sur «Une adresse aux propriétaires libres de Norfolk».

La biographie de cet homme remarquable a été récemment écrite en deux volumes brillamment reliés et richement illustrés par Mme AMW Stirling, sous le titre de "Coke and his Friends". [1] Sa mémoire méritait bien l'hommage laborieux et affectueux de son arrière-petit-fils enthousiaste. Mais pour avoir une quelconque valeur pratique pour l'agriculteur, le livre doit être très condensé. Sur trente-cinq chapitres, nous n'en trouvons que cinq qui parlent de ses services à l'industrie agricole. Sur un millier de pages impaires, nous n'en trouvons que cent seize qui portent sur la science et la pratique de l'agriculture. Sur soixante-quatre illustrations soigneusement exécutées, nous n'en trouvons que quatre qui aient quelque chose à voir avec les affaires rurales. On peut affirmer que Coke était bien plus qu'un simple agriculteur. C'est très vrai; mais sa renommée repose sûrement bien plus sur ses services au progrès rural que sur sa réputation d'homme politique, de dirigeant de la société ou de propriétaire foncier. Nous espérons donc qu'à une date proche, la même plume fluide qui a produit les volumes les plus volumineux compilera une vie plus pratique traitant entièrement des activités agricoles de Coke. Coke est décédé en 1842 à l'âge de quatre-vingt-huit ans et a été enterré dans le mausolée familial rattaché à l' église de Tittleshall , à Norfolk.

[1] Publié par M. John Lane, Londres.

Dans un drame de la vie si vivant et si puissant, il y a pourtant deux scènes frappantes dont nous ne pouvons manquer de nous souvenir. C'est Coke qui a présenté à la Chambre des communes la motion visant à reconnaître l'indépendance des colonies américaines. Toute la nuit, la Chambre a siégé. A 8h30, c'est la fin. Dans un silence haletant, le résultat fut annoncé : 177 non, 178 oui. C'est Coke qui annonça au roi obstiné et déconcerté le résultat de ce grand débat, par lequel la désastreuse guerre fratricide fut définitivement terminée et l'indépendance des États-Unis reconnue par le Parlement de la Mère Patrie, après neuf années amères, à la majorité. d'une voix. La paroisse de Burnham se trouve à côté de la paroisse de Holkham. Et le fils du recteur de l'ancien village, un garçon fragile et délicat, rejoignait parfois les chiens de M. Coke lors de leurs courses. Mais on ne lui a jamais demandé de tirer, car on ne l'a vu qu'une seule fois avoir touché une perdrix. Un jour, ce pauvre jeune homme, revenant d' une croisière de deux ans, rendit visite à son riche voisin et y passa la nuit. Le grand-oncle de son hôte a construit le manoir de Holkham, et Thomas William Coke a consacré toute sa vie et une grande fortune à développer le domaine familial. Mais le peuple britannique plaça Nelson, l'hôte frêle et nerveux, qui dormit cette nuit-là dans l'humble chambre de la tourelle, au sommet de la colonne au centre de Trafalgar Square.

CHAPITRE III

ARTHUR YOUNG : AUTEUR DU TOUR AGRICOLE

"La magie de la propriété transforme les sables en or. Donnez à un homme la possession sûre d'un rocher morne, et il en fera un jardin ; donnez-lui un bail de neuf ans pour un jardin, et il le transformera en désert. " —Arthur YOUNG.

Arthur Young, le plus grand des agriculteurs anglais et le plus pauvre des agriculteurs pratiques, est né à Whitehall, Londres, en 1741. Il était le plus jeune fils du révérend Dr Arthur Young, prébendaire de la cathédrale de Cantorbéry, recteur de Bradfield, et d'Anne Lucrèce, fille de Jean de Cousmaker , un Hollandais qui accompagna Guillaume d'Orange en Angleterre. De son père, Arthur a hérité de la beauté et du talent littéraire ; et de sa mère l'amour du savoir et un discours brillant et agréable.

Mme Young a apporté à son mari clérical une dot importante, dont une grande partie a été engloutie dans le tourbillon de ses dettes et plus tard, à sa mort, dans la promotion des projets agricoles de son fils doué mais peu entrepreneurial. Sa maison depuis le début et pendant la majeure partie de sa vie était Bradfield Hall dans le comté de Suffolk, une propriété qui était entre les mains de la famille Young depuis 1672. Après une visite à Bradfield, arrivée de Marks Sur le Great Eastern Railway, vous n'êtes pas étonné de l'amour précoce de Young pour la vie rurale. Une route large et sinueuse bordée d'ormes, des prairies pleines de fleurs sauvages et d'herbes ondulantes jusqu'aux genoux, des haies enchevêtrées d'églantines et de chèvrefeuille, des champs de maïs bruissants et des bois silencieux - voilà, tout cela, étaient les doux sentiers menant à sa maison.

À l'âge de sept ans, le garçon fut envoyé au lycée de Lavenham afin d'apprendre les langues grecque et latine, ainsi que l'écriture et le calcul. Grâce à l'indulgence d'une mère aimante, son assiduité à ses cours était irrégulière, et ni les centurions de César ni les prétendants de Pénélope ne purent le détourner de son poney, de son pointeur et de son fusil. Mais le bon marché de sa pension et de sa scolarité ravirait le cœur de nombreux parents du Transvaal et d'ailleurs en l'an de grâce 1912. Voici la facture :

"Le révérend Dr Young à John Coulter (maître de l'école de Lavenham), de Noël 1750 à Noël 1751. Pension d'un an, etc., 15 £. Articles divers, 2 £ 4 s. 4 d. Total , 17 £ 4 *article* 4 d. "

En quittant Lavenham, il fut apprenti, au gré de sa mère, chez un marchand de vins à Lynn. Il a abandonné son nouveau travail. Il aimait la musique et le théâtre. Il excellait en danse, mais était toujours un érudit assidu.

Son revenu, à cette époque, n'était pas excessif, étant de trente livres par an ; mais ses vêtements somptueux le privaient des moyens d'acheter ses livres bien-aimés. En conséquence, il écrivit une brochure intitulée « Le théâtre de la guerre actuelle en Amérique du Nord », pour laquelle il reçut de l'éditeur pour dix livres de livres. Davantage de bals l'obligeaient à rédiger davantage de pamphlets politiques afin de se procurer davantage de livres. En 1759, à l'âge de dix-huit ans, il quitta la maison de comptage de Lynn, comme il nous le dit dans ses propres mots, « sans éducation, sans activités, sans profession ni emploi ». La même année, son père mourut très endetté.

Il se rendit ensuite à Londres et créa à ses propres frais un magazine mensuel intitulé « The Universal Museum ». Cela a échoué et il est rentré chez lui. Toute sa richesse était désormais résumée dans une ferme en pleine propriété de vingt acres. Sa mère possédait quatre-vingts acres à Bradfield. Elle le persuada de vivre avec elle et de gérer la ferme. Il n'avait aucune connaissance en agriculture, mais il accepta et raconte l'histoire dans ses propres mots : « Jeune, enthousiaste et totalement ignorant de tous les détails nécessaires, il n'est pas surprenant que j'ai dilapidé de grosses sommes dans des rêves dorés d'amélioration. » À l'âge de vingt-quatre ans, il épousa Miss Martha Allen de Lynn. L'un de ses biographes dit : « Le mariage lui apporta des relations enviables : des troupes d'amis, un passeport pour des cercles brillants, mais pas de bonheur au coin du feu. La dame était manifestement d'un caractère captif, d'un tempérament acéré et de sympathies étroites . Un autre biographe écrit : « Fils aimant, père dévoué, Young était un mari indifférent. »

N'ayant pas réussi à faire réussir sa première ferme, Young, sans se laisser intimider, entreprit la culture de Sampford Hall dans l'Essex. Cette ferme comprenait 300 acres de bonnes terres arables. Mais le manque de connaissances pratiques et le manque de capital l'en détournèrent, et après cinq ans de location, il paya 100 £ à un fermier pour qu'il s'en débarrasse. Son successeur y a fait fortune. Mais pendant ces cinq années, Young avait fait un grand nombre d'expériences, dont il publia ensuite les résultats dans deux gros volumes sous le titre de « Cours d'agriculture expérimentale ». Toujours inébranlable dans son amour de la terre, il chercha une autre ferme, et cette quête lui fournit les matériaux de son « Tour de six semaines à travers les comtés du Sud », un ouvrage très populaire qui connut plusieurs éditions. C'est à cette époque que, sur les conseils de son huissier de Suffolk, il prit une ferme de cent acres à North Mimms dans le Hertfordshire. Cette propriété possédait une bonne maison, mais cela semble avoir été tout. Il a été trompé en le voyant dans une saison particulièrement bonne. Cette spéculation s'est avérée pire que la précédente ; mais sa plume pittoresque ne manquait jamais : « Je sais quelle épithète donner à ce sol. La stérilité est loin d'être à la hauteur de l'idée : un gravier affamé et au vitriol. J'ai occupé pendant neuf ans la gueule d'un loup. Le simple fait était que chaque fois qu'il prenait la plume, il réussissait ; chaque fois qu'il se tournait vers l'agriculture pratique, il était un homme ruiné.

Il a continué à écrire. Son éditeur a réclamé davantage de tournées. Ses recettes étaient considérables, pourtant on le voit écrire : « Aucun cheval de trait n'a jamais travaillé comme moi à cette époque, dépensant comme un idiot, toujours endetté, malgré ce que je gagnais à la sueur de mon front et presque avec le sang de mon cœur. — les recettes de l'année 1 167 £. À cette époque , il écrivit « Observations sur l'état actuel des terres incultes de Grande-Bretagne » et fut élu membre de la Royal Society. Constatant qu'il ne pouvait pas gagner de quoi vivre de son activité agricole, il accepta un poste de rapporteur parlementaire pour le "Morning Post" à cinq guinées par semaine - un travail des plus incongrus pour un agriculteur puisqu'il l'obligeait à s'absenter de chez lui pendant six jours de la semaine. Pourtant, il l'a conservé pendant plusieurs années – marchant dix-sept miles jusqu'à sa ferme tous les samedis soir et retournant à Londres tous les lundis matin.

En 1784, Young commença la publication des « Annales de l'agriculture », une publication mensuelle qui comptait quarante-cinq volumes. Ces annales couvraient tout le domaine de l'agriculture sous forme de lettres et d'essais des ruraux les plus éminents de l'époque. Mais plus d'un quart de l'ensemble de la série est sorti de la plume incessante de l'éditeur. Même le roi fut persuadé de fournir deux lettres sous le *nom de plume* de « Ralph Robinson », son berger de Windsor. Young raconta avec beaucoup de fierté que Sa Majesté lui dit un jour sur la terrasse de Windsor : « Monsieur Young, je me considère comme plus obligé envers vous qu'envers aucun autre homme de mes États » ; tandis que la reine observait qu'ils ne voyageaient jamais sans un exemplaire des « Annales » dans la voiture royale. Ces volumes provoquèrent un grand émoi dans les cercles européens, et de toutes les parties du continent des savants affluèrent pour étudier aux pieds de l'Abélard de l'agriculture anglaise. Un an plus tard, la mère de Young mourut et Bradfield Hall et la ferme devinrent sa propriété.

Si Tull fut le fondateur de la culture sèche et Coke le père de la ferme expérimentale, Young fut sans conteste l'auteur du voyage agricole. De sa plume fertile sont sortis « The Southern », « The Northern » et « The Eastern Tours », ainsi que « The Tour in Ireland ». Les trois premières tournées furent traduites en russe sur ordre exprès de l'impératrice Catherine, qui envoya en même temps plusieurs jeunes Russes résider à Bradfield pour y suivre une instruction dans l'agriculture britannique. Il est lui-même d'avis que l'aspect le plus utile des voyages est l'information pratique qu'ils donnent sur le sujet important des bonnes récoltes, sur lequel tous les auteurs précédents sont restés muets. Son œuvre la plus célèbre et la plus populaire fut ses « Voyages en France pendant les années 1787, 1788 et 1789 ».

Pourtant, ces voyages remarquables ont été annoncés vingt ans auparavant dans un petit livre qu'il a écrit intitulé « Les lettres des fermiers au peuple d'Angleterre », dans lequel il dit : « La noblesse et les hommes fortunés voyagent, mais pas de fermiers ; malheureusement, ceux qui ont cet avantage particulier et distinctif, la noble opportunité de bénéficier à eux-mêmes et à leur pays, s'enquièrent rarement ou même pensent rarement à l'agriculture.

Vient ensuite l'esquisse d'un voyage d'agriculteur avec les itinéraires tracés pour le voyageur imaginaire , qui sont précisément ces routes qu'il devait lui-même suivre deux décennies plus tard.

En 1787, il reçut une invitation pressante d'un ami polonais à Paris pour rejoindre le comte de la Rochefoucauld dans une tournée des Pyrénées. "C'était toucher une corde qui tremblait pour vibrer", écrit-il : "J'avais longtemps souhaité avoir l'occasion d'examiner la France." Ses voyages en France faisaient sensation. Personne n'avait fait la même chose auparavant. Il a été témoin oculaire des scènes émouvantes qui ont marqué le début de la Révolution française. Son nom était dans toutes les bouches. Il reçut des invitations aux cours et aux salons. Toutes les sociétés savantes l'enregistrèrent comme membre. Son œuvre a été traduite dans une vingtaine de langues. Des princes, des hommes d'État, des scientifiques, des hommes de lettres, de simples agriculteurs et de simples paysans ont rendu visite à Bradfield. Parmi ses correspondants, on note les noms de Washington, Pitt. Burke, Wilberforce, Lafayette, Priestly et Jeremy Bentham. Ainsi, alors que le riche Coke de Norfolk organisait un salon continental de tonte de moutons à Holkham, son voisin indigent , situé à cinquante milles au sud, organisait une levée européenne pour discuter des principes fondamentaux de l'économie rurale.

Quatre ans plus tard, le cœur de Young fut brisé par la mort de sa fille préférée , « Bobbin », à l'âge de quatorze ans. Il développa une mélancolie religieuse, fuyait la société, laissait son journal vide et ruminait des sermons. Sa vue a commencé à décliner. Il a été opéré de la cataracte. Wilberforce, averti de la prudence, se rendit, une semaine plus tard, le voir dans la pièce sombre. De sa voix douce et élégante , le Grand Émancipateur parlait avec émotion de la mort d'un ami commun. Young fondit en larmes et devint à jamais aveugle. Le reste de sa vie fut consacré à la prédication de l'Évangile aux paysans et à des œuvres de charité. Il mourut à l'âge de quatre-vingts ans à Sackville Street, à Londres, et fut enterré à Bradfield en avril 1820.

Il est impossible dans ce bref article de faire autre chose que de mentionner les écrits de Young. Nous devons les réserver pour un article ultérieur. Notre bibliothèque est loin d'être complète, et pourtant nous possédons soixante-six volumes de sa prose étincelante, qui, placés les uns sur les autres, atteignent une hauteur de neuf pieds, monument d'une industrie étonnante. Certes, il n'était pas exempt de ces mesquines jalousies qui entachent si souvent le caractère des hommes éminents. Il essaya d'arracher un peu de crédit au Conseil de l'Agriculture à Sir John Sinclair, et il se moqua de l'idée que Jethro Tull avait inventé le semoir à maïs. Il a rencontré et conversé avec les plus grands savants de son époque, mais son esprit n'a jamais fait éclater les vieilles bouteilles de vin qu'il servait dans le magasin du Suffolk. C'est pourquoi il dit avec arrogance que le Canada et la Nouvelle-Écosse ne valent pas la peine d' être colonisés . "S'ils restent pauvres, il n'y aura pas de marchés. S'ils sont riches, ils se révolteront ; et c'est peut-être la meilleure chose qu'ils puissent faire pour notre intérêt." ... "La perte de l'Inde doit venir. Elle devrait venir." Et pourtant, avec toutes ses folies, quelle vie splendide ! Car il était le prophète de la nouvelle agriculture dans la Vallée des Ossements Secs. Et l'Angleterre pourrait bien écrire l'épitaphe de son illustre fils selon les mots d'Ézéchiel : « Cette terre qui était désolée est devenue comme le jardin d'Eden. »

CHAPITRE IV

JOHN SINCLAIR : FONDATEUR DU CONSEIL DE L'AGRICULTURE

L'un des premiers souvenirs de l'enfance de l'écrivain, alors qu'il pêchait la truite dans le Swiney Burn, à l'extrême nord de l'Écosse, était l'histoire d'un certain homme merveilleux qui avait l'habitude d'attacher de petites chaussures aux pieds de ses moutons afin de les garder. réchauffez-les en marchant dans la neige. Mais bien des truites devaient être capturées, et bien des rides de la rivière brillante devaient passer sous le pont de Thurso avant qu'il n'apprenne le nom de la personne étrange qui a frappé son imagination d'enfant alors qu'il levait les yeux de sa ligne frémissante vers les yeux mélancoliques. d'une brebis Cheviot sur la lande solitaire et rouge vin.

Sir John Sinclair, fondateur du British Board of Agriculture, est né au château de Thurso dans le comté de Caithness , le 10 mai 1754. Son père, George Sinclair, le laird d' Ulbster , était un descendant des comtes de Caithness et Orcades ; tandis que sa mère, Lady Janet Sutherland de Dunrobin, était la sœur du seizième comte de ce nom. Enfant, il a été soigneusement et sagement formé par ses parents. De son père, homme aux goûts littéraires et au caractère profondément religieux, il a hérité de l'amour des livres ; et de sa douce mère, il a appris la leçon que la vie n'est pas un rêve vide de sens ; et son fils fut bientôt connu comme « l'homme le plus infatigable d'Europe ».

John a fait ses études à la Royal School d'Édimbourg et à l'Université de la même ville où il est entré au plus jeune âge de treize ans. Il a également étudié à Glasgow et au Trinity College d'Oxford. Il fut admis au Barreau en 1782. Son père mourut subitement quand John avait seize ans, et il se retrouva héritier de domaines comprenant quelque 100 000 acres, principalement des landes sombres et stériles. Il commença aussitôt à améliorer sa propriété.

L'agriculture écossaise était alors dans un état des plus arriérés. Les champs n'étaient pas clôturés, les terres n'étaient pas drainées. Les petits agriculteurs de Caithness étaient si pauvres qu'ils pouvaient à peine se permettre d'entretenir un cheval, ni même un poney Shetland. Les charges étaient principalement supportées par les femmes. En effet, selon Smiles, si un cottar perdait un cheval, il n'était pas rare qu'il épouse une femme comme substitut le moins cher.

Le pays était sans routes ni ponts . Les bouviers emmenant leur bétail vers le Sud devaient nager dans les rivières aux côtés de leurs bêtes. La principale piste menant au pays longeait le haut plateau d'une montagne appelée Ben Cheilt ; le chemin était à plusieurs centaines de pieds au-dessus de la mer agitée par la tempête, qui tonnait sur les rochers en contrebas.

Imaginez les rires bruyants des aînés de cette communauté lorsqu'ils entendirent une rumeur selon laquelle le jeune Sinclair proposait de construire en un seul jour une route sur cette colline jusqu'alors infranchissable. Mais John a inspecté lui-même la route et a ordonné les travaux statutaires . A cette époque, la loi décrétait que tous les habitants capables de la classe agricole devaient travailler sur les routes six jours par an. Ainsi, tôt un matin d'été, il rassembla les fermiers voisins et leurs serviteurs, soit un total de 1 260 personnes. Chaque groupe, à son arrivée, se voyait attribuer un certain tronçon du chemin où ils trouvaient des outils et des provisions qui les attendaient. Au coucher du soleil le même soir, le jeune homme conduisit sa voiture et ses deux compagnons sur six miles de route de montagne qui, la nuit précédente, avait été une dangereuse piste de moutons. La nouvelle de cet exploit d'un adolescent de dix-huit ans se répandit partout et éveilla l'esprit endormi du Nord.

À l'âge de vingt-six ans, John Sinclair fut élu député du comté de Caithness et resta à la Chambre des communes pendant plus de trente ans.

Le grand monument de l'industrie infatigable de Sinclair est son "Statistical Account of Scotland" en vingt et un volumes, l'un des ouvrages sur l'agriculture les plus précieux jamais publiés dans aucun pays. Il a fallu sept ans et sept mois de travail incessant pour le réaliser. C'est alors que les mots « statistics » et « statistical » ont été introduits pour la première fois dans la langue anglaise par Sinclair. Il fait appel au clergé pour obtenir les informations qu'il désire. Il a envoyé une lettre circulaire à chaque ministre paroissial d'Écosse avec 160 questions réparties en quatre titres : (1) Géographie et histoire naturelle. (2) Population. (3) Production. (4) Sujets divers.

Lors de la collecte des données, de nombreuses difficultés sont survenues. Certains membres du clergé méprisaient l'idée qu'un seul homme puisse rassembler et rassembler toutes ces informations : d'autres étaient paresseux d'esprit et de corps ; et certains étaient vieux et infirmes. Plusieurs paroisses étaient vacantes, certaines trop vastes pour être entièrement couvertes, beaucoup étaient sans routes et bon nombre étaient séparées par des bras de mer tumultueux. Pour surmonter ces obstacles, il fit appel aux dirigeants de l'Église d'Écosse, dont il était membre, et aux grands propriétaires terriens, et, en dernier recours, il employa des missionnaires statisticiens pour fournir les informations manquantes. Il assigna généreusement tous les bénéfices de cette publication au Scottish Fund au profit des fils du clergé, et obtint pour cette société une subvention royale de 2 000 £. Parmi les résultats directs de ce travail fut l'augmentation des traitements des ministres et des maîtres d'école - sûrement une réponse convaincante à ses critiques dans les Manses - l'abolition de ce qu'on appelait alors le Thirlage ou la mouture obligatoire du maïs dans un moulin particulier. Charles Abbot, devenu plus tard Lord Colchester, l'initiateur du recensement de l'Angleterre, écrivit à Sinclair : « Votre succès m'a suggéré l'idée », et les divers bureaux de statistiques aux États-Unis et dans d'autres pays peuvent être directement attribués à l' influence de son traité.

En 1788, Sinclair fonda la Wool Society. Depuis quelque temps , il se demandait pourquoi la laine des Shetland était si fine. Rencontrant à l'Assemblée générale à Édimbourg un ministre des Shetland , il lui posa la question et obtint de nombreuses informations précieuses qu'il présenta aussitôt à la Highland Society. Cela l'a amené à créer la British Wool Society. Il fut inauguré par un grand festival de tonte de moutons à Newhall's Inn, Queensferry, près d'Edimbourg, en 1791. C'est donc à Sinclair qu'appartient le mérite d'avoir lancé les concours de tonte de moutons qui, quelques années plus tard, devinrent les célèbres « coupures de presse » de Coke. ", et qui furent les précurseurs de nos salons agricoles actuels. La première exposition agricole a eu lieu par la Highland and Agricultural Society à Édimbourg en 1822. Il s'agissait du mouton Long Hill de la frontière est que Sinclair a rebaptisé sous le nom désormais célèbre de Cheviot. Ces moutons devinrent bientôt naturalisés dans tout le nord de l'Écosse, et en peu de temps les loyers des élevages de moutons atteignirent des prix fabuleux. Les pâturages de peu de valeur sous les moutons à laine grossière rapportaient de gros revenus. Pour illustrer la valeur pratique de ses améliorations, on peut mentionner que le domaine de Langwell de Sinclair , qu'il avait acheté pour 8 000 £, il l'a ensuite vendu pour 40 000 £ : tandis que le domaine de Reay dans le Sutherlandshire a été acheté pour 300 000 £. Le nom Cheviot vient de la chaîne de collines arrondies ou en forme de cône abritant un pâturage supérieur à la frontière écossaise et anglaise.

Dans les premières lignes de cet article , j'ai parlé d'un conte enfantin sur la tonte des moutons. Le fait que cette légende n'est pas une simple fiction peut être vu dans la lettre suivante d'Arthur Young (voir Autobiographie d'Arthur Young, page 159) : « De Sir J. Sinclair sur les vêtements pour moutons qu'il m'a envoyés et qu'il m'a demandé d'acheter. Je l'ai fait . , et le reste du troupeau les prit, je suppose, pour des bêtes de proie, et s'enfuit dans toutes les directions, jusqu'à ce que les moutons vêtus, sautant les haies et les fossés, se déshabillent bientôt .

Dans sa troisième conférence dans « La Couronne des oliviers sauvages », Ruskin souligne que tous les arts purs et nobles de la paix sont fondés sur la guerre. Il convient donc de noter que le British Board of Agriculture a été créé alors que la Grande-Bretagne était engagée dans la lutte suprême avec la France, qui s'est terminée sur le champ de Waterloo, que le National Department of Agriculture des États-Unis a été inauguré en au milieu de la guerre civile, et que le département de l'agriculture du Transvaal a été créé avant que la paix ne soit signée à Vereeniging. En 1793, les services rendus par Sinclair pour restaurer la confiance commerciale pendant la crise survenue lors du déclenchement de la guerre de France furent reconnus par Pitt, qui le fit venir à Downing Street, le remercia au nom du gouvernement et lui demanda s'il y avait était tout ce qu'il désirait. Sinclair répondit qu'il ne cherchait aucune faveur pour lui-même, mais que le plus gratifiant de tous serait la création par le Parlement d'une grande société nationale qui serait appelée « Conseil de l'Agriculture ». En temps voulu, le Conseil fut établi avec succès avec le roi comme patron, Sinclair comme président et Arthur Young comme secrétaire. La subvention parlementaire annuelle était de 3 000 £.

Dans ce bref examen, nous n'avons pas la place de suivre la fortune du Conseil jusqu'à la date du départ à la retraite de son inspirateur fondateur, jusqu'au moment où il a restitué 42 000 £ au Trésor - ne sachant pas comment les dépenser - jusqu'à ce qu'ils finissent par disparaître. disparu en 1822. Pourtant, le Conseil a accompli beaucoup de travail impérissable. Il effectua des enquêtes agricoles, publia plusieurs volumes de « communications », promouva des essais de prix sur des sujets ruraux, encouragea Elkington, le père du drainage, Macadam le constructeur de routes et Meikle, l'inventeur de la batteuse, et organisa des conférences par Sir Humphry Davy sur la chimie agricole et par Young sur le travail du sol.

Le nord de l'Écosse à cette époque devait beaucoup à Sinclair. En 1782, il sauva les habitants d'une grave famine en obtenant une subvention parlementaire de 15 000 £. La même année, avec quelques autres patriotes, il obtint l'abrogation de la loi qui, pendant trente-sept ans – depuis la rébellion de 1745 – interdisait l'usage du kilt.

Sinclair était un planteur d'arbres enthousiaste dans un pays qui était autrefois décrit avec humour par un visiteur américain comme une « grande clairière ». Il reconstruisit Thurso et fonda la pêcherie de hareng à Wick. Pour assurer le succès de cette industrie, il fit venir des pêcheurs hollandais pour enseigner aux Caithnessmen l'art de capturer et de saler les harengs. Il introduisit des méthodes améliorées de travail du sol, une rotation régulière des cultures et la culture du navet, du trèfle et du ray-grass. L'un de ses nombreux projets était un projet de loi général sur l'enceinte, son toast lors des rassemblements agricoles étant : « Puisse un commun devenir un spectacle peu commun à Caithness ».

En 1786, son attachement à William Pitt fut récompensé par le titre de
baronnet. La vie domestique de Sir John était singulièrement heureuse. En
nous référant au vieux livre déjà mentionné, nous lisons : « Il a été marié deux
fois à deux des plus belles femmes de l'île. Sa première dame, une Miss
Maitland, est décédée prématurément dans l'épanouissement de la jeunesse.
Sa dame actuelle est la fille de feu Lord Macdonald, et d'elle il a un fils,
George, et d'autres enfants.

Il ne fait aucun doute que Sir John aimait les feux de la rampe, possédait
une vanité sans limites, manquait du sens de l'humour salvateur et surestimait
ses propres réalisations. Mais ces vanités n'étaient que la fumée intermittente
dans la flamme bleue d'une énergie brûlante. Quelle leçon d'industrie pour la
jeunesse sud-africaine. Cinquante ans de labeur incessant, auteur de trente-
neuf volumes et 367 brochures. Cet agriculteur écossais est mort en 1835 à
l'âge de quatre-vingt-un ans et est enterré selon un ancien rite familial, dans
la chapelle Holyrood à Édimbourg, ami et confident de trois rois anglais.

CHAPITRE V

CYRUS H. McCORMICK : INVENTEUR DE LA
FAucheuse

"Je m'attends à mourir sous le harnais, car ce monde n'est pas le monde du repos. C'est le monde du travail. Dans l'autre monde, nous aurons le repos." — CYRUS H. MCCORMICK.

On ne peut guère s'attendre à ce que ceux qui chantent dévotement dans un million d'églises la quatrième phrase du Notre Père pensent avec gratitude à une autre personne que le Divin Donateur de tout bien. Pourtant, il est étrange de penser que, bien que chaque écolier connaisse un peu la vie de notre moindre poète officiel, pas un sur dix mille ne pourrait vous raconter la carrière de l'homme qui a répondu d'une manière vraiment miraculeuse au matin sincère et à la voix du monde de riches et pauvres : « Donnez-nous aujourd'hui notre pain quotidien ».

Cyrus H. McCormick, l'inventeur de la moissonneuse, est né au cours de l'année mouvementée 1809. C'était l'année de naissance de Darwin et Tennyson, de Mendelssohn, Gladstone et Lincoln. Il est né à Walnut Grove Farm, au milieu des montagnes de Virginie, à cent milles de la mer. Il était issu de cette souche virile qui s'est avérée être la principale force de la République, qui a donné à Washington trente-neuf de ses généraux, trois des quatre membres de son cabinet et trois des cinq juges de la Cour suprême - le Écossais qui ont émigré vers l'Ulster, puis vers les États-Unis. Robert McCormick, le père de Cyrus, était un fermier assez important et un inventeur aux capacités remarquables. Le petit atelier de rondins est encore montré au touriste curieux, où père et fils moulent et réparent des machines lors de nombreux jours de pluie. En effet, on nous dit que la ferme McCormick ressemblait plus à une petite usine qu'à une maison de fermier, tant elle regorgeait d'industries rurales : filature et tissage, savon et chaussures, fabrication de beurre et salaison de bacon. Et il est plus que probable que l'activité incessante de sa mère sage et celtique ait appris à Cyrus la valeur de chaque instant du temps.

Depuis qu'il avait sept ans, son père avait l'ambition d'inventer une faucheuse. Il en fabriqua un et l'essaya lors de la récolte de 1816, mais ce fut un échec. C'était une machine fantastique, poussée par derrière par deux chevaux. C'était très ingénieux, mais il ne coupait pas le maïs et était retiré des champs pour devenir l'une des plaisanteries de la campagne. Blessé par les plaisanteries de ses voisins , il fermait à clé la porte de son atelier et travaillait la nuit. Au début de l'été 1831, il avait tellement amélioré sa faucheuse qu'il lui fit un nouvel essai. Encore une fois, cela a échoué. Il est vrai que la machine coupait assez bien le maïs, mais elle le jetait par terre en un tas emmêlé. Satisfait que quelque chose n'allait pas du tout, Robert McCormick abandonna la faucheuse après y avoir travaillé pendant plus de quinze ans.

Cyrus reprit alors la tâche que son père avait abandonnée à contrecœur. Il montre dès le début son génie en adoptant un nouveau principe de fonctionnement. Tout d'abord, il inventa la diviseuse pour séparer le maïs à couper du maïs laissé sur pied. Viennent ensuite la lame alternative, les doigts, le moulinet tournant, la plate-forme et le tirant latéral, et enfin la grande roue motrice. Un jour de la fin du mois de juillet , au cours de l'été 1831, Cyrus plaça un cheval entre les flèches de sa faucheuse. Sans spectateurs hormis son père et sa mère, ses frères et sœurs, il se rendit en voiture jusqu'à un champ de céréales jaunes. Pour ce petit cercle familial , cela a dû être un moment d'intense excitation. Cliquez, cliquez, cliquez – la lame blanche tirait d'avant en arrière . Quel cri de joie ! Le blé est coupé et tombe sur la plate-forme dans une bande dorée et chatoyante !

Ainsi, à l'âge de vingt-deux ans, Cyrus avait inventé la première faucheuse pratique que le monde ait connue. C'est alors que commença sa lutte de neuf années contre l'adversité, dont il sortit triomphalement pour devenir le plus grand fabricant de machines de récolte que l'Amérique ait produit. Afin d'obtenir des fonds pour fabriquer des faucheuses, il se mit à cultiver. Mais il s'aperçut bientôt qu'il était impossible de réunir des capitaux suffisants par ce moyen. A proximité se trouvait un grand gisement de minerai de fer, et il résolut aussitôt de construire un fourneau et de fabriquer du fer. Il a persuadé son père et l'instituteur de devenir ses partenaires. Pendant plusieurs années, le four fonctionnait assez bien, quand, tout à coup, le prix du fer chuta. Les McCormick étaient en faillite. Cyrus abandonna la ferme et s'enfonça sombrement dans sa faucheuse. Un jour, le constable du village s'est présenté à la porte de la ferme avec une sommation pour une dette de neuf dix dollars, mais il a été tellement impressionné par l'industrie des McCormick qu'il n'a pas eu le cœur de signifier cette sommation. C'était l'heure la plus sombre avant l'aube.

La même année (1840), un étranger arriva du nord et tira les rênes devant le petit atelier de rondins. C'était un homme d'apparence rude qui portait le nom simple d'Abraham Smith, mais il est venu vers Cyrus comme un ange de lumière. Il était venu avec cinquante dollars en poche pour acheter une faucheuse, la première jamais vendue. Peu de temps après, deux autres fermiers arrivèrent pour faire la même course, et cet été-là, trois moissonneuses travaillaient dans les champs de blé d'Amérique. En 1842,

McCormick vendit sept machines et en 1844 cinquante. La ferme familiale était désormais devenue une usine très fréquentée.

Trois ans plus tard, un ami lui dit : « Cyrus, pourquoi ne vas-tu pas vers l'Ouest avec ta faucheuse, où la terre est plate et la main d' œuvre bon marché ?

C'était l'appel de l'Occident.

Il parcourut les prairies sans limites et comprit rapidement que ce grand océan-terre était la demeure naturelle du faucheur. Il transféra aussitôt son usine à Chicago, alors, en 1847, une petite ville abandonnée de moins de 10 000 âmes. Son entreprise était florissante. Lors du grand incendie de 1871, son usine, qui produisait alors 10 000 moissonneuses-batteuses par an, fut totalement détruite. Sur la parole de sa femme, il le reconstruisit avec une rapidité étonnante. C'est ainsi que nous découvrons que le petit atelier situé au fond des bois de Virginie est devenu la McCormick City au cœur de Chicago. Au cours de ses soixante-cinq années d'existence, cette manufacture a produit plus de 6 000 000 de machines à récolter et en produit aujourd'hui au rythme de plus de 7 000 par semaine. La société McCormick est maintenant connue sous le nom d'International Harvester Company et son fils aîné, Cyrus H. McCormick, en est le président. La production annuelle est de 75 000 000 de dollars. C'est la moissonneuse qui a permis aux États-Unis, pendant les quatre années de guerre civile, non seulement de nourrir les armées en campagne, mais en même temps d'exporter à l'étranger 200 000 000 de boisseaux de blé. Et les savants de l'Académie française des sciences pourraient bien dire, en élisant Cyrus McCormick comme membre, qu'« il avait fait plus pour la cause de l'agriculture que n'importe quel autre homme vivant ».

Et maintenant, nous devons retracer l'évolution de la faucheuse depuis son origine à la ferme de Walnut Grove jusqu'à la merveilleuse machine d'aujourd'hui. Pendant une trentaine d'années, sa conception est restée pratiquement inchangée, à l'exception de l'ajout de sièges pour le conducteur et le conducteur. Il se contentait de couper le grain et de le laisser en bottes sur le sol. Il avait aboli le faucille et le berceau, mais il restait toujours le ratisseur et le relieur. Ne serait-il pas possible de les supprimer également et de ne laisser que le conducteur ? Tel était le problème fascinant auquel était désormais confronté l'inventeur.

En 1852, un infirme alité appelé Jearum Atkins acheta une faucheuse McCormick et la fit placer devant sa fenêtre. Pour passer les heures fatigantes, il a en fait conçu un accessoire doté de deux bras de fer rotatifs, qui ratissaient automatiquement le grain coupé de la plate-forme jusqu'au sol. C'était un engin grotesque, et les agriculteurs le surnommaient « l'homme de fer ». Néanmoins, cette invention stimula la fabrication de faucheuses autoandaineuses, et bientôt le fermier américain n'en achètera plus d'autres. Une partie du problème avait donc été résolue. Le raker a été aboli. Mais il restait encore la tâche plus difficile de supplanter le lieur, l'homme ou la femme qui rassemblait les bottes de maïs coupé et les liait étroitement ensemble avec un brin de paille pour en faire une gerbe.

Et maintenant, un autre personnage apparaît sur cette scène en constante évolution, un jeune homme du nom de Charles B. Withington . Né à Akron, Ohio, un an avant que McCormick n'invente sa faucheuse, ce jeune délicat a été formé par son père pour devenir horloger. À l'âge de quinze ans, afin de gagner de l'argent de poche, il se rendit aux champs de récolte pour lier le maïs. Il n'était pas robuste, et le travail dur et courbé sous un soleil brûlant lui faisait parfois monter le sang à la tête en cas d'hémorragie. Il y avait des moments, une fois la journée de travail terminée, où il était trop fatigué pour rentrer chez lui à pied et il se jetait sur le chaume pour se reposer. À dix-huit ans, il voyagea vers les champs aurifères de Californie, s'envola vers l'Australie et, en 1855, revint au Wisconsin avec 3 000 dollars à son actif. Il a commencé à gaspiller tout cet argent en essayant d'inventer une faucheuse auto-râteau. Soudain, inspiré par les articles d'un éditeur rural qui affirmait que le reliage du maïs devait être effectué par une machine, Withington laissa tomber son râteau et se mit directement au travail pour fabriquer un auto-lieur. Il a terminé sa première machine en 1872, mais a rencontré beaucoup de découragement jusqu'à ce que, deux ans plus tard, il tombe sur McCormick.

Leur rencontre dramatique est mieux racontée par M. Herbert M. Casson dans son intéressant volume intitulé « Cyrus Hall McCormick : His Life and Work ».

> "Un soir de 1874, un homme de grande taille, avec une boîte sous le bras, monta timidement les marches de la maison McCormick à Chicago et sonna. Il demanda à voir M. McCormick et fut conduit dans le salon, où il trouva M. McCormick, assis, comme d'habitude, dans un fauteuil large et confortable.

> "'Je m'appelle Withington ', a déclaré l'étranger ; j'habite à Janesville, Wisconsin. J'ai ici un modèle de machine qui liera automatiquement le grain.'

> "Or, il se trouve que McCormick avait été tenu éveillé presque toute la nuit précédente à cause d'un problème commercial tenace. Il pouvait à peine maintenir ses paupières ouvertes. Et quand Withington était au milieu de son explication, avec l'intensité d'un inventeur, M. McCormick s'est endormi profondément. Lors d'un tel

accueil de sa machine chérie, Withington a perdu courage. C'était un homme doux et sensible facilement repoussé, et ainsi, lorsque McCormick s'est réveillé de sa sieste, Withington était parti et était en route. retour au Wisconsin. Pendant quelques secondes, McCormick ne savait pas si son visiteur était une réalité ou un rêve. Puis il se réveilla avec un sursaut d'action instantanée. Une grande opportunité s'était présentée à lui, et il l'avait laissée échapper. A cette époque, il fabriquait des faucheuses auto-râteaux et des moissonneuses Marsh, mais ce qu'il voulait - ce que tout fabricant de faucheuses voulait en 1871 - c'était une auto-relieuse. Il appela aussitôt l'un de ses ouvriers de confiance.

"'Je veux que tu ailles à Janesville', dit-il. Trouvez un homme nommé Withington et amenez-le-moi par le premier train qui revient à Chicago.'

"Le lendemain , Withington fut ramené et traité avec la plus grande courtoisie. McCormick étudia son invention et découvrit qu'il s'agissait d'un mécanisme des plus remarquables. Deux bras d'acier attrapèrent chaque botte de grain, entourèrent étroitement un fil autour d'elle, attachèrent les deux se termine par une torsion, l'a coupé et l'a jeté au sol. Ce classeur automatique était parfait dans tous ses détails - une machine aussi soignée et efficace qu'on pouvait l'imaginer. McCormick était ravi. Enfin, voici une machine cela abolirait le liage du grain à la main.

Pendant six ans, tout s'est bien passé avec la reliure automatique McCormick et Withington . Cette merveilleuse machine à tordre les fils fonctionnait partout avec une précision d'horlogerie et était considérée comme la meilleure que l'ingéniosité humaine puisse concevoir. Tout d'un coup, le monde manufacturier fut surpris d'apprendre que William Deering avait fabriqué et vendu trois mille relieuses automatiques à ficelle. Deering, par ce geste dramatique, devint en un éclair le concurrent le plus puissant de McCormick. Il n'était pas, comme ce dernier, un fils de fermier, élevé en ville et formé en usine. Il avait été un marchand prospère dans le Maine, puis l'avait quitté pour se lancer dans le commerce des récolteurs. Il a misé toute sa fortune dans la fabrication de relieurs à ficelle. Il a gagné et McCormick a été contraint de suivre son sillage. L'évolution de la faucheuse vers l'auto-lieuse à ficelle a été un événement marquant dans le monde agricole. Cela a énormément augmenté les ventes. En 1880, 60 000 faucheuses furent vendues ; cinq ans plus tard, ce chiffre s'élevait à 250 000. Depuis, à l'exception du nouveau dispositif de nouage, il n'y a eu aucun changement réel dans la faucheuse. Elle reste la plus grandiose de toutes les machines agricoles et l'un des mécanismes les plus étonnants jamais conçus par le cerveau humain.

McCormick est mort en 1884. Au cours de sa propre vie, la faucheuse est née et a atteint la perfection. Il l'a créé dans un village reculé de Virginie, et il a vécu assez longtemps pour voir son catalogue imprimé en vingt langues, et pour savoir que tant que la race humaine continuera à manger du pain, le soleil ne se couchera jamais sur l'empire de son faucheur, car quelque part, chaque mois de toute l'année, vous trouverez du blé blanc pour la moisson.